UNA PLEGARIA POR EL MAR

ANTOLOGÍA - A'MAR, A PRAYER FOR THE SEA

A'MAR
A PRAYER FOR
THE SEA

Colección Catharsis / Poesía en español

Editor: Marcela Villar M

Primera edición: febrero de 2015

ISBN Hardcover/Tapa dura: 978-1-942347-08-8
ISBN Paperback/Tapa blanda: 978-1-942347-09-5

Library of Congress Control Number: 2015900430

Blue Catharsis Publishing
PO Box 85054
Seattle, WA 98145-1054
USA

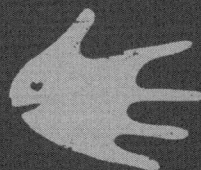

UNA PLEGARIA POR EL MAR

ANTOLOGÍA - A'MAR, A PRAYER FOR THE SEA

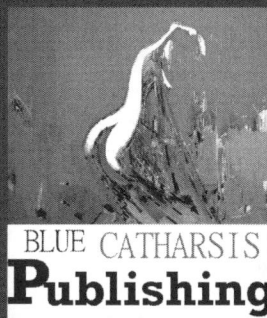

BLUE CATHARSIS
Publishing

Colección Catharsis
Poesía en español

2015

INTRODUCCIÓN

Nuestra organización A'MAR, A Prayer for the Sea, nace de la necesidad urgente de proteger y preservar nuestros océanos por el bienestar de las próximas generaciones. Nuestra misión no es tan solo informar acerca del estado de saludo de los océanos, sino queremos ser parte activa en el proceso de cambio que con urgencia debemos realizar si queremos dar a nuestros hijos un planeta sano. El océano constituye el 71% de la superficie de la tierra, por lo tanto, sin duda sabemos que es esencial para nuestra existencia. Creemos que estamos en un punto de inflexión, donde no tenemos mucho tiempo para actuar y hacer que los daños ya causados y por venir, permanezcan como daños incontrolables e irreversibles. Tenemos una gran tarea por delante. Es importante la educación en cada individuo, pero más aún, es importante que tomemos la decisión de actuar en favor de nuestros océanos y las futuras generaciones.

Los problemas que envuelven a nuestros océanos, ya no son problemas que afectan exclusivamente a su fauna y ecosistemas, sino que estos problemas se han convertido en una amenaza directa a la existencia de la especie humana. Nuestro objetivo es conectar este problema con nuestra especie, en una forma que cause un impacto permanente en la memoria.

Esta antología "Una Plegaria por el Mar", es un idea en la cual invitamos a talentosos escritores, poetas y fotógrafos del continente americano, España e India, para expresar sus sentimientos acerca del mar y contribuir en este proceso de cambio. También, en esta antología, hacemos un homenaje a Cocholhue, una caleta de pescadores artesanales ubicada al centro-sur de Chile, y a la exitosa vida de Lida Méndez, una hija de pescador artesanal quien con su vida de sacrificio y perseverancia nos conecta con el mar y nos da un ejemplo de esperanza y responsabilidad hacia nuestras futuras generaciones.

LIDA MÉNDEZ

LIDA MÉNDEZ NOS DA UN EJEMPLO DE PERSEVERANCIA,

DETERMINACIÓN Y SACRIFICIO, PERO AÚN MÁS,

SU VIDA ESTÁ LLENA DE ESPERANZAS

QUE IMPULSARON LAS MEJORES DECISIONES.

ESTA ESPERANZA SE REFLEJA EN LA VIDA DE QUIENES LE PROCEDEN

Y EN ESTE CONTEXTO PODEMOS RESCATAR

QUE LO QUE HACEMOS HOY AFECTA EL BIENESTAR DE LAS FUTURAS GENERACIONES.

NUESTRAS FUTURAS GENERACIONES NECESITAN DE NOSOTROS

PARA TENER UN FUTURO PLENO DE OPORTUNIDADES.

CULTIVEMOS LA ESPERANZA,

QUE AUN EN LA ADVERSIDAD NOS PERMITE

TOMAR LAS MEJORES DECISIONES,

Y ASÍ DARLE ALAS

A LAS VIDAS DE NUESTRA HERENCIA.

RODRIGO DÍAZ DE VILLAR
FUNDADOR DE A'MAR, A PRAYER FOR THE SEA

4

LIDA MÉNDEZ

1951 - PRESENTE

EN OCASIONES DESEAMOS, COMO EN LA VIDA MISMA, QUE NUESTRAS PUESTAS DE SOL SE PROLONGUEN EN EL TIEMPO.

Lida creció en una región lluviosa en el centro-sur de Chile, en una pequeña y aislada caleta de pescadores llamada Cocholgue. En 1951, Cocholgue era un pequeño pueblo solitario, pero idílico, donde sólo unos pocos pescadores aventureros se atrevían a calar sus redes para ganarse la vida. A tal proximidad al agua, este lugar era, en todos los sentidos, un lugar húmedo, no sólo por las constantes olas que golpeaban la orilla rocosa, que crecían durante la temporada de invierno, sino que también era húmedo a causa de los largos inviernos y fuertes lluvias que caracterizan esta región. A pesar del clima y condiciones de aislamiento --donde la ciudad más cercana, Tomé, estaba a aproximadamente a tres kilómetros de distancia-- el océano proporcionaba una gran fuente de abundancia, alimento y un ingreso de clase media seguro para una familia de cualquier pescador. Lida recuerda, que en su niñez a menudo las corrientes oceánicas traían cardúmenes de sardinas a las costas, quedando atrapados en las piscinas naturales hechas de rocas y arena, donde la gente del pueblo las recogía a mano para llevarlos a casa. Tal era la abundancia del mar antes de que las pesquerías industriales llegaran a la región. Por la noche, la luna, y un cielo brillante de miles de estrellas eran para esta niña de 5 años y todo el pueblo, su única fuente de luz e inspiración. Sin embargo, para Lida, sus recuerdos están llenos de días soleados en la playa, de las juguetonas olas que van y vienen, sus rocas gigantescas y cientos de hermosas y cautivantes puestas de sol. Ella siempre se divirtió con las aves marinas que venían a visitarla cada día. Y como buena hija de pescador artesanal, estaba completamente inmune a los fuertes olores marinos y al tacto resbaladizo de la piel de los peces.

Lida era la antepenúltima de 11 hermanos, tres de los cuales habían fallecido cuando niños. Dos de sus hermanos mayores siguieron los pasos de su padre a la orilla del océano y mar adentro. Ellos trabajaban duro en la pesca por 6 meses, luego durante la temporada de invierno, el riesgo de entrar en alta mar en sus botes artesanales de madera, con una pequeña vela que el viento impulsaba, con capacidad para no más de 2 o 3 personas a la vez, era demasiado arriesgado y peligroso. El resto del año, se quedaban en casa trabajando en los equipos y haciendo otros negocios para compensar la falta de ingresos de la pesca.

Lida tenía una relación muy especial con su padre. A menudo su padre la tomaba y la sentaba en su regazo para leerle su revista favorita. Ésa era una rutina que Lida siempre esperaba con gran interés. No había nadie en el mundo que Lida admirase más, que su propio padre, Gino Méndez Neira. Un día normal de trabajo, ya Lida con nueve

7

años de edad, y sin que nadie se lo esperase, sucedió algo que cambiaría su vida para siempre. Mientras su padre trabajaba en sus labores de pescador artesanal, inesperadamente dejó este mundo. Este fue un acontecimiento que indubitablemente afectó a Lida y a su familia en gran manera.

El fallecimiento de su padre obligó a hacer ajustes importantes en la familia. Sus hermanos se hicieron cargo del negocio como pescadores. Hortensia, su madre, tuvo que iniciar nuevos negocios fuera de la casa para compensar la pérdida del padre y proveedor de la familia. Para Lida, el mar parecía traer demasiados recuerdos, a los cuales prefería evitar. Poco a poco, a diferencia de sus hermanos, sus sueños comenzaron a girar, distanciándose de las labores rutinarias de una familia de pescadores. La determinación y deseo de estudiar para ser un día una maestra, se hizo más fuerte cada día. Con la escuela más cercana ubicada a tres kilómetros de distancia y sin transporte disponible, Hortensia, su mamá, sabía los retos y el tipo de compromiso que su hija tendría que resistir durante los próximos 6 años de estudios secundarios, en ese entonces, humanidades. Así es como Lida enfrentó y soportó esas oscuras y largas mañanas de invierno, de fuertes lluvias que a menudo camino a la escuela mojaban por completo su ropa, obligándole a llevar consigo un juego extra de ropa para cambiarse antes de entrar al salón de clases. Lida también, aguantó muchas noches oscuras de estudio con tan sólo la ayuda de la luz de una vela. Al final, después de largos 6 años de sacrificios y perseverancia, y con la ayuda de familiares y amigos, se graduó con honores.

A los diecisiete años de edad, Lida fue aceptada en la Universidad de Chile, en una clase compuesta de 39 mujeres y un solo varón, comenzó su carrera para convertirse en maestra, en una nueva vida lejos de Cocholgue, la caleta de pescadores. Ciertamente el carácter de Lida ya había sido probado en más de una ocasión y no había vuelta atrás, ni existía algún obstáculo que no pudiera superar. Ella estaba en camino para alcanzar cualquier meta que se hubiese propuesto, hacer nuevas amistades, conocer nuevas personas y tener nuevas expectativas interesantes.

Un día, Mario, el único varón de su clase se presentó y pronto se convirtieron en buenos amigos. A partir de ese momento, ellos permanecieron siempre juntos. Dos años más tarde, estaban comprometidos y antes de terminar la universidad, ya se habían casado. Lida, aunque feliz, siempre se preguntó por qué de 39 mujeres en la clase, Mario Castro la había elegido a ella. La vida para Lida había dado un giro completo para mejor. Juntos tuvieron 3 hijos,

aunque lamentablemente, uno de ellos murió al nacer. Establecieron su hogar lejos de Cocholgue, su hogar natal. Pero fielmente visitaban la pequeña caleta de pescadores cada verano. Tanto a Lida como a su esposo Mario, les encantaba pasar el tiempo contemplando puestas de sol en la casa de su infancia. Mario comenzaba cada día de sus vacaciones en Cocholgue, con su caminata favorita cada mañana temprano por las playas más cercanas. Le encantaba el lugar tanto como a Lida. Una noche, durante uno de esos días de vacaciones en casa de la madre de Lida, tuvieron una fuerte e inusual lluvia. A pesar de esto, Mario se levantó temprano a la mañana siguiente para su caminata de rutina a su playa favorita. Más tarde, Lida y su hija Jimena, de 12 años, notaron que su padre estaba tomando más tiempo de lo habitual para volver. Su hija decidió ir a buscar a su padre. Lida, mientras tanto, recibió la noticia de parte de un vecino, que el cuerpo de un hombre había sido encontrado en la misma playa que Mario había ido en su caminata, y que el cuerpo aun permanecía tirado en esa playa. Lida, aunque escéptica, salió de la casa y corrió de inmediato en esa dirección. Al llegar al lugar, un grupo de gente rodeaba el cuerpo tendido, cuando ella se acercó, aun no creía que pudiese ser el cuerpo de Mario tirado en la arena. Al fijar su mirada y ver a su hija Jimena junto a él, ahí estaba Mario, con sus ojos cerrados, sin pulso y ningún signo de vida en su cuerpo.

La playa habría arrancado de su vida sus dos grandes amores. En ambos casos, su padre, Gino, así como su marido, Mario, nunca dieron signos o síntoma de enfermedad, se fueron de su vida como si fuera una cuestión del destino, no hubo tiempo para prepararse, ni siquiera un pensamiento de advertencia, simplemente sucedió, y las explicaciones no deseadas vinieron después. Lida y sus hijos, Jimena, de 12 años y Mario de 8 años, caminaron solos pero juntos por el resto de su vidas. Sus dos hijos, tomaron el camino que su madre recorrió, de mucho trabajo, sacrificio, dedicación y estudio.

Años más tarde, en tierras lejanas a la pequeña caleta de pescadores, su hija Jimena, ya convertida en un médico, y casada, trajo tres hermosas nietas y un nieto a su vida. Su hijo, Mario, un gerente del departamento de negocios internacionales de una notable y renombrada compañía, también ha ayudado a llenar su vida, en gran medida gracias a la compañía de otros dos adorables nietos.

Hoy en día, para Lida, una orgullosa madre viuda y dedicada abuela, esas puestas de sol son parte del pasado, pero los recuerdos imborrables cada cierto tiempo atrapan su mirada nostálgica, deseando que esas puestas de sol del pasado, hubiesen perdurado en su vida por mucho tiempo más.

MAR

Fuerza motriz en tus venas,
arrasas con las caderas
de piedras a quien tú besas.
Fuerza, que aún te queda,
a pesar que te han marchitado
tu esencia, tu voz interna.

Tu oleaje sabe a pasión, dolor,
incontrolable fulgor, desmayas,
todo, y tu corazón se fragmenta.
Pero sigues, no hay tormenta
que detenga tus mareas.
Mar, nos entregas esa huella,
¡la vida en ésta tierra!

**GLADYS GARCÍA
ARGENTINA**

OCÉANO DEL AMOR

Maravilloso océano
que con tus olas
me haces volar,
junto a las blancas
y bellas gaviotas.
Voy a recorrerte
llena de emoción,
llevaré una canción
para que la escuches.
El sonido de las olas
es algo maravilloso,
como cuando mis cabellos
se mojan en las aguas
de este distante océano.
Ancho y perfumado océano,
lleno de amor y bravura,
dejo mis encantos sentada
a tu orilla, soñando con
que venga mi príncipe amado.

¡Querido océano!
yo te doy mis respetos
con un manojo de flores,
para que con tus olas
se las lleves a mi amor.
Solo tus limpias aguas
con su bello color, saben
hacerme sentir su frescura
y libertad, para poder amarte.
Dime si tus olas me llevarán
a mi velero y a mí llena de amor,
te digo mi bravío océano que ya
te estoy amando, junto a mi
hermoso príncipe dorado.

MARÍA ISABEL PÉREZ RIVERA
ARGENTINA

14

OCÉANOS DE VIDA

Mares, océanos, vasto universo plagado
de vida, un enigma para el hombre, es
como el cerebro humano, inexplorable,
queda tanto por aprender y tan corto
tiempo...

Aguas cristalinas, saladas, limpias pero
plagadas de feroces pasados donde han
sido castigadas, al punto de la muerte
misma, cementerio de historias vividas
producto de mentes macabras que piensan
en destrucción.....

Más agua que tierra, un mundo acuático
donde la belleza se nos muestra a nuestros
ojos, que no quieren ver, por estar ciegos,
ellos están mudos, calmos, pero en
tempestad continua, salvemos ese mundo
que es tan nuestro como la tierra misma...
Pero cuánto amor tendremos que desparramar
para entender, que sin él no avanzaremos.
Cuándo, necios hombres aprenderemos a
respetar, estamos al borde del colapso,
solo el amor, el respeto, la paz, y la admiración
a la Madre Naturaleza nos hará salvos.....

Aprendamos, salvemos a los mares, océanos
vastos llenos de vida, enigma del hombre, todavía
estamos a tiempo, no lo desperdiciemos en
egoísmos sin sentido, la vida se lo merece, el
mundo acuático tiene derecho, estamos a
tiempo aún de ser salvos...

SONIA IRIS PÉREZ
ARGENTINA

18

OYENDO EL CLAMOR DEL MAR

Caminando tus orillas
a tus rocas he de llegar,
viendo en la blanca espuma
tus lágrimas y besos de sal.

El ruido de tus olas
me traen tu sollozar,
clamas por tus hijos.
Humano ten piedad.

En tu inmensidad,
al cielo queriendo llegar;
hablando con Dios,
queriendo ser eterna y no fugaz.

Los barcos jugando entre tus olas
a su destino han de llegar,
mansa y serena has de estar,
siendo grande y majestuosa
en su totalidad.

Mar, demuestra tu poderío
cuando te hieren.
Tu ira haces notar
haciendo del humano ser pequeñito,
y poniendo su corazón a temblar.

GILDA DEL CARMEN ALVAREZ IGLESIAS
CHILE

MUERTE NEGRA

Tus olas veo llegar a la orilla
vistiendo el funeral de la vida
entre tu agua teñida de negro
agonizan tus hijos en la mar.
Todo esa pena que no te vence
ni desanima tus movimientos
oxigenando tu cuerpo líquido
para llevar vida a tu pueblo.
En la tempestad y las tormentas
vas desahogando todo ese enfado
por esa descuidada humanidad
que pinta tus aguas con petróleo.
Tu dolor duele hasta el ensueño
de verte luchar con todo empeño
para quitar el tóxico de encima
que mata gran parte de tu fauna.
Tienes corazón de blanca espuma
que al llegar a reposar a la orilla
llevas vestida de luto por los peces,
ballenas, focas y delfines muertos.

FREDDY JUAN ARCE ACEVEDO
CHILE

21

SENTADO EN UNA PIEDRA

Era de noche cuando el mar siguió nuestros pasos
    calle a calle y asustando a nuestros hijos y queriendo
    quedarse con nuestras mujeres.
Era de noche cuando la espuma saltó silenciosa
    sobre la tierra y se alejó tierra adentro sin
    expresar lo que su corazón susurraba en su oído.
Era de noche
y la tierra doliente entre todos nosotros
    tan mínimos
como nunca antes
y como siempre ha sido.
Y luego, apenas al día siguiente, la desolación
se ubicaba en la plaza y en una alcaldía
    abandonada.
La brisa parece traer todavía el ruido infantil
    de ojitos asustados y arrastrados por tu abrazo
    amoroso y profundo.
 Querido amigo, ¿qué es
 lo que tanto,
 tanto te duele?
¿Dónde el orgullo nuestro, esa soberbia y ese
 grito de guerra?
El camino ya no existe. Las huellas
fueron borradas por las algas. Por allí

y por acá, un niño busca entre los escombros,
una mujer escarba con un palito
entre los desechos. La gaviota, pretende también
entre la podredumbre. ¿Dónde quedaron los muertos,
dónde sus sonrisas, el ruido de sus voces,
el miedo?
No estaba preparado para llorar, pero aquel día
no dejabas de enseñarme tu miseria. Me decías,
mira mi corazón, inundado de porquerías.
Mira mi espíritu, que apenas reacciona. Ya
no me conozco. Ya no soy. Han destruido
mi alma. Y no hago más que observarte
bajo esta llovizna persistente, los dos
empapados por la misma lluvia. Debí sospecharlo
y haber dejado que tu abrazo para siempre
en mi vida.
He venido. Una y otra vez. A veces
desde lo más alto y a veces
casi frente a ti, casi
tocándote. A veces
es el otoño y son las gaviotas grises y a veces
tan azul el cielo, tan azul
el horizonte y tan azul
tus manos. A veces es la luna

y es tu murmullo. A veces sí
a veces no. a veces un rugido y es tu mano
casi como una caricia. Ay, hermano poderoso,
esta tristeza
que no se quiere ir de mi corazón. Esta tristeza
nocturna. Esta tristeza
como si la lluvia
nunca, como si la lluvia
siempre, y a cada rato.

A veces al levantarse el sol, te veo
casi dormido. A veces
como una doncella

recién amada. Y a veces
como si no dejaras de llorar.
Tal vez –me lo digo ahora- lo único que querías
era
hablar con nosotros, decirnos, y escucharnos.
Tal vez hubiera bastado con un par de mates
un fogón
y todo,
todo lo que quedaba
de esa noche.

DAVID JESÚS AVELLO GAETE
CHILE

TÚ Y EL AGUA!

¡Los míos me dicen que no existes...
que tú eres fantasía
...pero está la melodía,
y el acento de tu voz por todas partes!
   Así llego a la orilla en que tu soneto me susurra,
me levita en un beso que me calla.
   Tu silencio está lleno de palabras
y este silencio del mar, lleno de tu nombre;
tiene tersuras y voces que me llaman...
¡y entro en el agua,
como entro al torrente de tu sangre!
¡mi única hambre!
¡cómo no entrar al corazón de mar!
¡cómo no dejar que me inundes y me tengas!
desde el dulce jugueteo con mis pies
e ir subiendo...con tu caricia de agua
hasta atraparme...
los muslos, las caderas encendidas,

y de golpe, hasta tocarme entera!
entera entregada a tus mareas,
embriagándome,
circulando, girando,
hasta incendiarme!
...Me devuelvo de a poco, ya agotada
de quitarme el deseo a ramalazos de olas
impregnada de la sal
que traigo de tus marejadas de en abrazos
y tú me sigues desmayado en olas bajas
con ese dulce rumor de tus sonetos
subido a cadencias de bolero
armado de intervalos robados al océano
que alimentan la música de tus ojos en mi cuerpo,
llenito de tu voz enronquecida y calma
repitiéndome que anclas en mi puerto,
repitiéndome que vuelas en mis alas,
tú...y el agua!!!

MÓNICA MARES
CHILE

26

LAS TRES AMENAZAS DEL OCÉANO

LAS TRES AMENAZAS DEL OCÉANO SON CAUSADAS POR ACTIVIDAD HUMANA.

SOBREPESCA

LA SOBREPESCA HA EMPUJADO A MUCHAS ESPECIES AL BORDE DE LA EXTINCIÓN.
4 MILLONES DE BARCOS EXPLOTAN LOS MARES CADA DÍA Y MES DEL AÑO.

EXCESO DE EMISIONES DE EFECTO INVERNADERO

LA ACIDIFICACIÓN DE LOS OCÉANOS HA REDUCIDO LA CALCIFICACIÓN DE LOS ARRECIFES DE CORAL ,
CAMBIANDO LA COMPOSICIÓN DE LAS COMUNIDADES MARÍTIMAS Y ESTO CONTINUARÁ EMPEORANDO.

CONTAMINACIÓN

EN UNA SEMANA DESECHAMOS 10 MIL MILLONES DE BOLSAS DE PLÁSTICO EN TODO EL MUNDO.
LOS PLÁSTICOS CONSTITUYEN EL 70% - 90% DE TODOS LOS DESECHOS MARINOS.

MARÍA DE LOS OCÉANOS

María lleva voces en las manos
canta al susurro de las algas
importando poco o nada
cuando llora su morena espalda.
María, lleva cruces
de ese día de las olas altas
que abriendo su boca negra
arrebatasen todas sus mantas.
María, canta, canta y sonríe
cuando en las dunas plomizas
extiende su cuna de algas
juegan los rayos en ella
faena luminosa que lleva
enamorada hasta su casa.
María, cuida y protege
el surco de las aguas,
habrá que guardar
en su memoria
heridas que sólo hablan.
Y hablan las rocas en su abrazo
en azul pentagrama
inmenso es su aleluya
cuando sus ojos callan.
María, extrae algas
del jardín misterioso de su alma.

ELINA TORRES VERDUGO
CHILE

A María Josefina Jeria Muñoz...
María de los Océanos lleva en sus palmas luces fecundas de la
tierra y sus profundidades.
Cuando ella sonríe, todo el firmamento esplende el sentir de los
caminantes, que en madrugadas silentes, comparte su porción de
aleluyas.
María extrae, entre ruegos y silencios, debajo de la roca el
sustento, y el mar comprende sus afanes, cosechando en algas,
el lenguaje de las aguas.
María, ¡Vive!, y toda ella es: fuerza, coraje, vientre palpable. Ella
es la insigne belleza de la mujer chilena cuando sus ojos
enseñan, el idioma del amor.
María, es simplemente:

¡TODO, MI PATRIA, SU NOMBRE!

En la página opuesta: foto de María Josefina Jeria Muñoz,
recolectora de algas de la localidad de Pichilemu, Chile

ENTRE EL CIELO Y EL MAR

amor sobre el mar,
sonidos de besos por
conjugar,
el silencio se vuelve olas
y brisa cuando tu piel ansío
tocar;
amor, arena y pasión,
se confunden con el mar,
no preguntes,
tan solo camina hacia mí
y convierte tus caricias
en suave espuma
en mi suave piel
hazme el amor libremente,
como las gaviotas al mar
y fundirnos en un solo cuerpo
viendo las olas bailar.

**ZULEIMA LUBITH PACHECO MONSALVO
COLOMBIA**

40

PROTEGE EL MAR

Océanos que cubren la totalidad de la madre tierra
Son Atlánticos, Árticos, Antárticos, Índico y Pacífico
Cualquier nombre pueden llevar, bello es el mar
No dejemos que el hombre lo termine de acabar.
Con su pesca indiscriminada a las especies borrar
Lo contaminan con basuras todo el fondo de mar
No respetan su equilibrio destruyen hábitat natural
Destruyen la vida quitándonos el oxígeno que da.
Protege la vida, no lo dejes sin sus peces, corales
Y a todas las especies con su oxígeno les llena
Es tu respirar, es tu corazón que debes entregar
Para que en sus aguas solo vida puedas encontrar.

MARTÍN ALFONSO PEÑA MAESTRE
COLOMBIA

LA BELLEZA DEL MAR

Cuando me siento en la arena
a observar el ancho mar,
qué momento majestuoso,
no lo puedo descifrar.

Esas revoltosas olas,
que unas vienen otras van,
quiero quedarme con ellas,
pero al mirar ¡¡ya no están!!

Y la brisa juguetona
me invita siempre a jugar.
Vivir aquí es muy hermoso,
para nadar y nadar.

Si camino por la arena,
muchas palmeras habrá,
y al sentir su bella sombra
ya no me quiero marchar.

Aves volando tan alto,
es belleza sin igual,
yo siento envidia de ellas,
porque no puedo volar.

Quiero vivir disfrutando
la belleza natural,
pero esa solo la encuentro
a las orillas del mar.

VEN eleva una PLEGARIA,
que arriba pueda llegar,
para que El Señor del cielo
siempre proteja ese mar.

SONIA JIMÉNEZ
COSTA RICA

LA VIDA EN ABRAZO DE GLORIA

Luz de la mañana, bello cielo,
¡Oh Dios!, otro día nos das,
Gracias, Creador del Universo,
Señor, que en el cielo estás.

Nuestra voz se acopla al cantar,
Que el orbe eleva a tu honor,
De la tierra al cielo, hondo mar,
¡Oh Dios!, glorioso Creador.

Sean nuestras almas, sin pecado,
A todo cuerpo da, salud y brío,
Asigna luz a todo monte humano,
Con tu señal de fuego blanco.

Por cada suelo, sana en su adentro,
Tu voz del viento, total y plena,
Fúlgida y segura, a todo encuentro,
En este mar, totalidad del agua.

En tu Santo Nombre, alzar de culto,
Al lenguaje perenne, ascua viva,
De estar y ser, ahora en todo solicito,
Por la vida en abrazo de gloria.

MILAGROS PIEDRA IGLESIAS
CUBA

45

EL MAR

Es Inmensidad
es fascinación
es atracción
es profundidad
es magnetismo
es misterio
es energía
es, la vida misma.

Espejo de luz en su inmensidad
reflejo de lo infinito.

Es la paz misma en su misterio
Es atracción ante su majestuosidad
que se impone ante la humanidad.

Una caricia, centelleo constante a mi alma
al vaivén de sus olas,
dulce, tierno, mágico e intenso amante.

Te abrazo en mis versos, tan apasionada
entregada a tus orillas y profundidades.

Lloro al despertar del abandono cruel,
despiadado poder y ambición de unos.

Terrible ignorancia, ellos los depredadores
de tus profundidades y bondades.

Lloro al despojo, con tanta crueldad
ante la humanidad indefensa sin futuro.

Tus aguas de colores brillantes y limpios
lo tornan grises, oscuros sin vida.

Que destilas inertes cuerpos en tu llanto,
en tu rugir en cada playa de arena muerta.

El mar mudo, testigo de tan cruel presagio,
el hombre ciego, labra el fin de la humanidad.

REBECA CRISTINA BUSTAMANTE
EEUU

AZUL MAR

El mar con su azul soberano
Nos da tanta vida,
Y muchos no lo cuidamos.

Es el océano divino
Para nuestro mundo,
Bordeando Pueblos y ciudades
Disfrutamos de él
Todos los humanos.

Alzamos sensible
Y respetuosa voz,
En letras expresando,
Conservemos,
Por el bien de la vida,
El azul mar
Tan necesario.

Azul mar,
Vida
En letra y canción.
Conservemos
El océano
Más saludable
Para tener siempre
Limpio aire,
Buena salud.

**RENÉ GARCÍA IBARRA
EEUU - CUBA**

48

ME BAÑO EN LOS MARES DE MI PATRIA

Me baño en los mares de mi patria
Ese país tan bello y hermoso
Donde el sol sale cada día
Y la luna brilla por las noches.

Un país conocido en el mundo
Por su gente y por su arte
Por su flora y su fauna
Pero principalmente por su Canal y por su gente.

Me baño en los mares de mi patria
Entre el Pacífico y el Atlántico
Como un pescador que goza
De la libertad y el dulce olor del mar.

Soy un poeta y ser humano
Orgulloso de mi herencia
De mi patria y de mis mares
De mi bello Panamá.

"Puente del mundo y corazón del universo"
El país que crece cada día
La tacita de oro llena de historia
Donde los mares bañan sus costas.

Allí entre los mares
En el Pacífico y en el Atlántico
Con la música típica sonando en el ambiente
Me baño yo en los mares de mi patria.

La patria más hermosa
La patria más sublime
Donde el sol brilla para todos
Donde todo es posible…

Un crisol de razas
Lleno de flores y pájaros
De árboles y campos
De playas y gente.

Conocido por sus deportistas
Por sus músicos y cantantes
Por sus poetas y escritores
Y por el canal de todos.

Allí en ese bello país lleno de flores
Donde los sueños se hacen posibles
Entre el Pacífico y el Atlántico
Me baño yo en sus mares.

Lo dijo con orgullo
Con una sonrisa en los labios
Que me baño orgullosamente
En los mares de mi patria.

ROBERT ALLEN GOODRICH
EEUU - PANAMÁ

DESDE LA
REVOLUCIÓN
INDUSTRIAL
LOS OCÉANOS
HAN ABSORBIDO
CERCA DE
500 MIL MILLONES
DE TONELADAS MÉTRICAS DE
CO_2

52

DESDE LA REVOLUCIÓN INDUSTRIAL LA ACIDEZ DE LOS OCÉANOS HA AUMENTADO CERCA DEL 30%

ASÍ TE AMO YO

Así te amo yo,
con la fuerza del bravo mar,
con la furia de un volcán,
con la dulzura de un niño,
te amo de todas las maneras que me he inventado
para que sientas que mi vida corre a tu tiempo.

Para que entiendas lo que siente mi corazón enamorado
son tuyas estas letras, palabras que expreso
para que conozcas lo que nadie más podría comprender:
lo mucho que te amo y hasta qué punto mi corazón es tuyo.

Cómo no amarte...
si a cada melodía le ponemos nuestra propia letra
para poner música a este amor tan bello.
Cómo no recordarte...
si al final de cada día tu nombre se pega a mis labios,
y te nombro bajito para que ni el viento sienta celos
de este amor tan bello que llenó mi corazón.

Así te amo, mi amor...
para mí sólo existen tus palabras
cuando me hablas y me dices "me encantas amor mío".
Quédate aquí a mi lado y ámame como sólo tú puedes amar,
estar contigo es ir al paraíso.

Amarte a ti es estar en el mismo cielo infinito y bajar una estrella,
ponerla en tus manos mientras te beso dulcemente...
Amarte es desear estar en cualquier lugar
y sentirte siempre que camino en las nubes cuando a tu encuentro
yo voy.

Así mi amor, es como yo te amo,
y aún me faltan palabras para seguir amándote...

Tus besos callan mi boca y un suspiro rompe el silencio,
callo, me entrego y me sacio de tu amor,
tus caricias son mis locuras de cada día.

Mi amor... así te amo yo,
por ser esa persona única
y por todo lo que eres...
así te amo yo.
como la fuerza del mar.

VÍCTOR MANUEL GUILLÉN ROSAS
EEUU - MÉXICO

REFLEXIÓN

Estoy lejos de mi patria,
pero cerca de los míos,
recordando cada día
la querida tierra mía.

No se borran de mi mente
los senderos, los caminos
recorridos con sacrificio,
para llegar a las modesta escuela mía.
Cocholgue, la caleta de pescadores
donde mi familia y yo vivíamos.
Era hermosa, era limpia, era pura,
y de su gente emanaba ternura.
Los años han pasado,
y hay cambios muy profundos.
Ya sus playas no son blancas,
ya sus barcas han crecido,
ya sus peces no llegan a las costas,
ya sus gaviotas no se alborotan,
porque no encuentra su alimento preferido,

Como te recuerdo aldea mía!
Eres el trozo de la patria querida,
que tanto añoro cada día.

LIDA MÉNDEZ
EEUU - CHILE

59

MAR

Por el embeleso que nos brindas
por ser mudo testigo de infinitas pasiones,
porque a veces me llamas desde tus corrientes
y en noches de plenilunio entonas mil canciones.

¡Por eso y por mucho más
yo te venero mar!

Atardeces entre crestas relucientes
dejo acunar en ti mis sentimientos dormidos,
la noche entera para mí cantas "nanas"
florecen sueños sobre tus arenas esparcidos.

¡Por eso y por mucho más
yo te venero mar!

De sal y arena está trazado mi destino...
cómplice tú, de este amor que llegó a hurtadillas,
entre tus olas se tornó fresco, real y transparente
para morar después aferrado siempre a tus orillas.

Por eso y por mucho más, mar...
¡vas en mi corazón haciéndome cosquillas!

SEUDÓNIMO: ORGALIM
ROSA NÁJERA
EEUU

60

61

LAVANDA

Diez mil millones de latidos son este corazón errante
que poco sale y cuando lo hace se siente solo
pero el silencio le hace bien y ahí se esconde
él solo quiere ver nacer sus flores de sus plantas de lavanda

I'm so in love with you
I'm so in love with you

Ocean to ocean my heart to heart with you
Ocean to ocean

I'm so in love with you…

La noche llega entre el recuerdo
y el corazón se siente largo
se hunde dulce en la corriente
y ya no busca las palabras
en el silencio sabe bien que tú estás cerca
él solo se quiere quedar
cerca del mar donde tu voz le sabe a brisa

I'm so in love with you
I'm so in love with you

Ocean to Ocean my heart to heart with you
Ocean to Ocean
Ocean to Ocean my heart to heart with you
Ocean to Ocean

NATALIA SERNA
EEUU

62

SOMOS AGUA

Las olas se mecen
en nuestros ojos
que miran esperanzados.

Hay un oleaje viniendo
desde adentro del alma,
profundo y frío.

Hemos heredado
las aguas que nacen
con nuestros sueños eternos,
vienen en caracolas
silenciosas a decirnos
los secretos de los océanos,
porque todos somos agua
en las arenas infinitas
de un planeta vivo.

Somos agua que habla
y respira, somos pulmón
de algas y amapolas.

**MARCELA VILLAR M.
EEUU - CHILE**

AMOR DEL OCÉANO

Amor del océano,
amor que en lo
profundo del alma,
te metiste como
si navegando
en lo profundo del océano
clavando la espiga
como amor del océano,
llego temprano a buscarte
amor del océano.
Camino durante las aguas
levantan sus olas,
no se llevan las huellas,
me acarician
las frescas olas,
olas que
durante camino

en las orillas,
tan solo mis ojos
contemplan
las aguas del océano.
Océano que bambalea
sus aguas,
y siento como se llevara
cada ilusión del tiempo,
pero pienso durante
las aguas van borrando mis
huellas cuando camino
por sus orillas,
tan solo son suspiros,
amor del océano.

SEUDÓNIMO: POETA ZALDAÑA
EMILIO ZALDAÑA GODOY
EEUU - GUATEMALA/EL SALVADOR

HERMOSO MAR

Hermoso mar,
tu que tienes tantas historias, unas dulces,
otras de terror, me fascina como eres porque
hay mucha magia en tu interior y en tus aguas
muchas enigmas hay, pero tu grandeza es tan
grande que nadie ha podido llegar al fondo de
tus aguas para ver tu realidad, son muchos los
que te aman y poco los que te cuidan, solo van
a visitarte para alegrar sus vidas.
Hay leyendas de sirenas y de cuentos encantados
que hacen que yo te admire y tenga respeto de tus
aguas, me inundas con tu aroma de salinas y de
espumas, me acaricias y me abrazas con el vaivén
de tus olas y les pido y les imploro a todos los que
te aman, que por favor te cuiden como si tu fueras
su alma.
Cuando me sumerjo en ti siento las caricias y la
calidez de tus aguas, a veces suave y a veces agresivas,
tu majestuosidad es incomparable, eres maravilloso,
te vistes del azul del cielo, y el sol hace brillar tus
aguas, eres tan imponente y a veces juguetón que
tiras por montones las caracolas con amor.

Eres el espejo inmenso de nuestra luna adorada,
donde ella se refleja en la quietud de tus aguas,
y la estrellas se ven flotando en tus aguas tan hermosas,
eres un enigma para todos nadie ha podido llegar a tu final,
en tus aguas guardas misterios que nadie ha podido
descifrar.
Eres un sueño para muchos, y tus aguas se prestan
al amor, todos admiran tu belleza, y exploran tu
inmenso interior, eres poema de solo mirarte, y en tus
orillas caracolas hay, en tus aguas me sumerjo para mi
cuerpo refrescar, para escribirte este poema y en mi mente
recordar este momento divino donde te vine a visitar.
Tu murmullo es un canto al viento de amor y libertad,
demuestra tu grandeza y tu poder magistral, alegra el
ambiente con tu olor a sal.
Eres el sueño de todos los tiempos pero, nadie ha podido
calcular tu grandeza de tu verdadera realidad, eres inmenso
incomparable, eres verdaderamente hermoso y real.

EUNICE MARIZOL CARVALLO CAPELLÁN
ESPAÑA

MARES Y OCÉANOS

Océanos y mares tenebrosos
de aguas limpias y cristalinas,
arruinadas por el ansia de unos
que solo miran su anhelado beneficio .
Aguas de todos, provecho de pocos,
mares y océanos aprovechados por
una minoría y sin conservación ninguna,
nadie se preocupa de vuestra pureza.
Esas aguas que tantos amores separan,
que hacen que grandes sentimientos
aumenten por la ausencia del contacto,
engrandecéis sueños nacidos de la nada.
Playas limpias por el uso de personas
que cuando se van quedan impunes
por la limpieza, hasta que vuelven
para el provecho de unos pocos.

Por la conservación de vuestras aguas,
que tan solitarias quedan siempre,
apartadas de nuestro amor y cariño.
Solo nos acordamos cuando sufrís alguna
catástrofe y nos lamentamos, pero por
qué no vamos a poder aprovecharnos
cuando lleguen nuestras vacaciones.
Océanos y mares que nacisteis al mismo
tiempo que la tierra, que sin la tierra
no podéis vivir, como la tierra sin
vuestras aguas, que llegue a nuestros
pensamientos que también tenéis vida.

JESÚS FANLO ASENSIO
ESPAÑA

MI MAR

Eres marineros por donde navegas
Puertos son besos de amaneceres
Seduciendo el temblar envuelves
Calmando rebeldías que respiras

Luces de trajes azulados que vistes
Nos condecoramos con miradas
Colgaré en tu humedad medallas
El amor de brisas que me grabes

Dibujas horizontes que apremias
Apasionado tu manto que posees
Arrastrando corrientes absorbes
Sentimientos vagabundos plasmas

Soy yo, cuando mi alma meces
Cuerpos de corales con coronas
Trenzando tus algas me adornas
Embarcaré donde tú me lleves

MARISA GONZÁLEZ ORTIZ
ESPAÑA

73

LA MAR ERA MI AMIGA

Desde niño la mar era mi amiga
mis amigos, hijos de marineros,
las noches de verano eran felices
y dormíamos al raso sobre el suelo.

Nada sabíamos de mareas negras
o del petróleo que contiene su subsuelo
que arrastran las olas sin descanso
contra la limpia arena de los juegos.

Entonces las aguas eran limpias
y un placer bañarse con sosiego,
ahora llegan a la orilla las basuras
y dejan las playas repletas de veneno.

Ya los niños no se bañan en la orilla
que las medusas las dueñas ya se hicieron
y las personas se alejan de la costa
pues estar junto al mar ya les da miedo.

Antes se disfrutaba el mar en calma
el sol dibujaba la piel con embeleso
en un moreno de luz solar precioso
que ya se perdió sin más consuelo.

Ni la mar es la mar de cuando niño
y puede que no vuelva nunca a serlo,
porque los tsunamis son salvajes
y arrancan de la vida nuestros sueños.

Olas que siempre fueron cristalinas,
y la mar un paraíso bajo el cielo,
ahora son después de algunos años
la imagen más real de un cementerio.

ANTONIO JURADO RIVERA
ESPAÑA

74

SI YO SOY MAR

Si yo soy mar, tú eres tierra
si yo soy cielo azul, tus ojos
quieren ser dos estrellas,
si soy amor y paz, tu eres guerra
que lentamente estalla en mi cabeza.

Si soy ola en esa playa blanca,
tus manos quieren ser arena,
si mi corazón es pobre
y en silencio llora sus penas
tu alma quiere ser pureza.

Y solo tu cara es limpia niña
dulce y suave como la seda,
hermosa como la madreperla;
son tus labios rojos, tu boca perfecta
y tus besos el veneno,
que día, a día me alimentan.

JUAN JOSÉ MARTÍN SAN MARTÍN
ESPAÑA

AGUA

Como el agua
vibro
de Escarlata, puro
o
de Vid de vino.

Guardo un recuerdo;
un remanso
desde ombligo o agujero,
entre piedras, fui rodando
- O, quizás volando
de caída libre,
libre...

Era un sueño,
una sed,
una botella
medida urgente
de fuente de vida .

Serena, fuerte,
pescadora y animosa
o,
rebelde
como ninguna...
Agua
que naces origen,
que vives
aunque en veredas
te guíen por acequias,
viveros
y cosechas de mil tiempos.
Agua,
embrutecida eres gruesa
como la vida; a la espalda!!
y
en relieve pavesa
que entretiene una mirada
Arte,
Pesca,
todo o,
nada
si no eres agua.

RICHARD STOVINKY
JOSÉ MANUEL MARTÍNEZ
ESPAÑA

MAR

Mar, palpitar de brisas azules.
Zambullir de espumas blancas.
Tonos penetrantes
Ritmos que salpican.
Calma que se escucha.
Tenue luz de silencio.
Trasparencia de esmeraldas.

Crepúsculos, destellos celestes
Arrecifes de corales.
Rocas quietas,
talladas de manos marinas,
de sales de colores.
Cielos de algodones
Perfilando siluetas.

Noches que duermen.
Dunas de arena.
Espejo de estelas.
Ocasos rojizos
Caracolas, perlas marfiles.

Manantial que sostiene,
Amarras de tierra mojada.
Inmensidad que brilla
De vida azul, oro cristal y plata.

MARIA ISABEL PIMENTEL FERNANDEZ
ESPAÑA

SOBRE EL CIELO

Sobre el cielo planeas tu vuelo,
grácil e inquieta lo surcas,
y tus alas inmensas extiendes
sobre el mar que te acecha y pretende.
Gaviota, usas tu libertad
entre aguas inmersas en sal,
y fecundas de vida que dar,
a tu vida y tu caminar.
Que alimente tu ser,
de ese alimento que pueda llenar,
tus ansias por saber y entender;
porque tú, gaviota haz querido nacer.
En aras de los vientos usas tu libertad,
y te posas sobres la piedra filosofal,
mientras contemplas las aguas revueltas,
que haz de volver a cruzar.

**GABRIELA RUIZ GOMIZ
ESPAÑA**

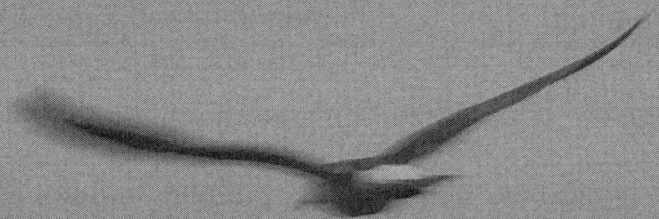

Divino afluente de placer perpetuo, abismo cálido y solaz.
Eres el perfecto sitio donde mis lágrimas, alegrías, dolores y placeres
recibes sediento mis amores.
Derramo en ti con dolor mis penas, gracias al Creador por bendecir la
tierra con tu fresco sabor con la brisa sin igual.
Gracias por cobijarme con tus benditas aguas.

No tengo con qué pagar tanta bondad, solo pido a la humanidad devolver
con amor el sustento que emana de ese cuerpo colosal.

Quién no ha recorrido sus veredas, saboreado sus dulces susurros a la
vez fuertes y majestuosos cuando rompen con coraje sus erguidas olas.

Gracias por la paz que emana de lo profundo de tus aguas donde a
veces la naturaleza lo provoca devastador infierno.

Pero ello es sinónimo de grandeza, belleza, sumisión, bondad.
Has recorrido cada centímetro de infinitos cuerpos llenándolos de suaves
caricias cual seductor humano añorando amor.

A veces agitado por cruel tempestad, el mundo enmudece a tus pies.

SARA CRUZ
GUATEMALA

EL OCÉANO

en los océanos de
mi conciencia
floto sobre mis olas
bailo con mis pensamientos
respirando en
mis profundidades de calma
tsunamis que yo pliego
vientos que yo creo
a través de
mis pensamientos
todo en
mi conciencia

viven muchas vidas
en el seno de mi océano
cañaverales y peces
nacen en mí
tiburones y ballenas
habitan en mí
en medio de las montañas
entre los barrancos

con mis
deseos y apetitos
alimento mis perlas
conservo mis gemas
en éstas aguas profundas
entre las dunas
mis pensamientos
flotan
mi vida
atraviesa

yo nado a través de
mis océanos de conciencia

RAJ BABU GANDHAM
INDIA

88

Nos sentamos lado a lado en el silencio de la noche
en la playa frente al mar agitado
cuando el Crepúsculo estaba a punto de extender sus raíces
sobre la arena húmeda de la orilla.

Con la punta de quebradas caracolas
diseñaste algunos
extraños contornos y complejos patrones
en el lienzo arenoso de la playa,
que pronto fueron borrados
por las sucesivas olas de la mar
desbordando la orilla.

Rompiendo el silencio de la escena en un arrebato
preguntaste;
"¿Quién demonios ha brutalizado la carne
y saqueado las perlas del vientre
de las ostras, cuyas conchas muertas
lastimosamente yacen diseminadas
aquí, ahí, en todas partes en la orilla?
Ni yo ni el locuaz mar
tuvimos una respuesta a lo que preguntaste.
Nos levantamos juntos en
un silencio incómodo y perplejo mientras la
mar continuó rugiendo hasta la eternidad
a nuestras espaldas.

Cuando íbamos dejando nuestras huellas de regreso
en el húmedo camino de la orilla solitaria,
podía oír el sonido reprimido
de una tormenta inminente preparándose
en el fondo oceánico del horizonte detrás nuestro.

**RAMAKANTA DAS
INDIA**

BELLEZA MARINA

El cielo vacío y a la vez lleno de ilusión, allí estaba yo parada
sobre la arena del mar, mirando el distante ardor de los
últimos rayos del sol, olas espumosas acariciaban a las
criaturas preciosas, dormía ya el astro dorado en su cama
estrellada, ansiosa estaba la luna quien se apresuraba pues
era su noche de gala, el rumor del agua y el viento atraían su
atención, la sal salpicaba mi rostro, pero me negaba a dejar
aquel lugar, el rojo bermellón había desaparecido para dar
lugar al reflejo azul del océano.
Algas verdes, decoraban la playa; surgían de lo profundo
figuras danzantes, sirenas con sus escamosas colas
verdosas, labios carmín, ojos intensos, miradas que matan y
quiebran el corazón de los marineros, buques hundidos,
besos fríos de eterno amor…
Aquel que muere arrullado entre sus brazos fuertes, será
parte de él, la maravilla de su incomparable belleza,
atormentaba mi mente desde hace tanto.
Ahora lo veo tal como es, azul, inmenso e indomable.

ANA MICHELLE AGUDO
MÉXICO

93

RAUDAL

Abundancia que penetras el sediento cuerpo,
atrapas lamentos, viertes frustración en el mar
de las emociones… Torrente frenético y erosivo
tus cuencas profundas son, fluye agua
que bañas la tierra… eres afluente de dicha,
desembocas desaguando penas.

Sentimientos que irrigan el alma,
del cansado sofoco… Surcos de dolor va dejando
la humanidad… y yo, yo siento tus gemidos de
agonía, en los pozos profundos que socavan,
arrastrando quejidos, al formar parte del lamento
de la existencia, abrazando la tierra.

Mare, lago importante de vigor de vida,
enfrías inquietudes al acaricia con tus marejadas
las calamidades, tu furia nace con el soplo del viento,
eres océano de dicha en la historia, acaparando
estás el sedimento de plegarias torturantes,
que arrastran desgracias.

Hoy te doy las gracias, por entregarme
la corriente de claridad, que avanza apresurada
al trotar en tu lecho, en la frescura de tu vertiente,
no quiero perderte, tu ausencia sería desierto
para mi sed y mis ojos gotas de amargura derramarían
en tu árido estrecho.

Quiero gritar que eres vida, el valor
absoluto de la supervivencia, fuente de savia
necesito cuidarte, amarte con toda el alma,
como se ama a un gran amor, agua eres la verdad
de la perpetuidad, el aliento del inicio
de nuestra formación.

MAGALI AGUILAR SOLORZA
MÉXICO

EL MAR

LA LUZ DE UN NUEVO DÍA NOS DESPIERTA,
SALGAMOS A RECIBIRLA CON ALEGRÍA...

El Sol sale o se oculta del lado del mar
y siempre nos traerá esperanzas
nuevas en cada despertar,
quizá siempre veremos salir
el Sol del mar
y le llamaremos "Orto de Sol "
cuando sale sobre el horizonte
entre la unión cielo y mar
donde se juntan tal cual
para dejarnos ver cuán grande
es la creación,
cuando llega la tarde
toma su regresar, le llamaremos
"ocaso", cuando se oculta sobre este
horizonte sin igual...

Cada amanecer
me llena de felicidad
cuando veo el horizonte y
no te puedo hallar

si perdiste el camino y
no lo logras encontrar,
si te sientes hoy perdido
alguien te puede ayudar;
si buscas en tus adentros
tal vez logres encontrar el
momento en que perdiste
el camino y la verdad.

El mar se funde con la lejanía
y nos invita a caminar
sobre la arena de sus playas
para venir a descansar y
dejar todas las penas que
te suelen agobiar...
Si has perdido el camino,
solo déjate llevar...
Siente las suaves melodías
que sus olas hacen al cantar
cuando se mecen, vienen
y van suavemente, ante el arrullo
de la música que emerge del mar.

CESIRE ALEGRÍA
MÉXICO

TE AMO OCÉANO ATLÁNTICO

Vengo de una hermosa Isla,
nací cobijada por el Océano Atlántico y el Mar Caribe
me baño entre sus cuerpos de agua
y embriago con el más rico y burbujeante champagne.
El sol y su calor tientan a nadar como una sirena
refrescando los sentidos en toda su piel.
Sus palmeras protegen del sol
y la brisa me acompaña en el atardecer.
Descanso en una hamaca observando el horizonte
donde me transporto en olas del recuerdo
y te visualizo nuevamente mi dulce capitán
y surge nuevamente el amor.
Te amo Océano Atlántico y le agradezco a Dios
por tan hermoso recurso natural
y de haber nacido en la Isla del Encanto
donde se encuentra el amor con vibrante fulgor.

MARTHA PATRICIA ARMENDÁRIZ
MÉXICO

NUESTROS MARES...

¿Qué hermosos e infinitos
nuestros grandiosos mares
con sus encrespadas olas y aguajes
dejan al mundo atónito?
Ya en alta-mar, se dibuja otra silueta
inspirando a musas y poetas
bajo un cielo soleado que abruma
refrescamos la pluma en su densa bruma...
Mis letras no pasan desapercibidas
ante tal majestuosidad
creado por Dios ¡Qué preciosidad!
lleno de historias vividas...
...Que fluyen cual amor sobrenatural...
besando en cada oleaje sus playas
llevando consigo secretos que callan
vivenciado como algo natural...!!!

JOSÉ ANTONIO CASTRO ORTEGA
MÉXICO

VIAJE MARINO

Contemplo el horizonte marino al amanecer,
mágicos delfines emergen de las olas
como señoriales alfiles acuáticos
con piruetas delicadas.
Las ballenas cantan su cante hondo
al compás del imponente nado
de las orcas
mientras, las mantarrayas
con perfectos lances, afilan
sus vuelos cual cometas fugaces,
en un concierto multicolor y perfecto.
Los tiburones danzan su vals
junto a los arrecifes que sonríen
al cosquilleo de los peces y las langostas.

El día es una bendición de vida y aleteos.
Llega el atardecer y las perlas
contemplan extasiadas la llegada de la luna
que convierte el fondo en plata y misterio,
en tanto los pez vela brincan y
señalan hacia las estrellas para pedir un deseo
para sentirse parte del universo.
El paisaje se ha transformado en un concierto,
en una oda a la creación
que estalla en mi ser en grandes transformaciones.
Soy feliz y dichoso de contemplarle,
disfrutarlo y agradecerlo.
Lástima que otros hombres no lo comprendan
y sin piedad, lo conviertan en un cementerio.

PEDRO GERARDO DÍAZ DE NICOLÁS
MÉXICO

VESTIMENTA

De un mundo azul lleno
de vidas y también de
amor, de inmensos días
y del maravilloso rojo
atardecer.

Tibias aguas de suaves
olas y agitadas tormentas,
de mágicos recuerdos en
mi vida al mirar miles de
tortugas correr hacia el mar.

Llenos de tristezas al saber
que un cazador sin corazón
las espera para matar, y volver
a traerlas a tierra ya sin vida, qué
ironía e implacable crueldad,
matar por dinero.

Cruda realidad que en el
mundo se debe cambiar, si
dejamos de ver a los océanos
como el más inmenso basurero,
o una fuente de riqueza.
Él nos reclama con tormentas
y gigantes olas que al mundo hace
temblar.

Hagamos conciencia,
qué le dejaremos a nuestros hijos,
un inmenso basurero lleno de muerte
o el más bello océano de mirar
al sol despuntar...

JUSTINO LEÓN ORTIZ
MÉXICO

PLAYA DE ENSUEÑO

Simple, serena y callada Malvarrosa
En justo homenaje a la mujer hermosa
Poeta enamorado, el caballero gentil
Brisa marina, que enjuaga besos mil.
Atribuye en esa tu playa de ensueño
Amor inolvidable, como de un sueño.

Mudo de amores, paisaje majestuoso.
Delfines juegan en mar impetuoso.
Caballo de mar, en competencia ansía
Recuerdos, de nostalgia y melancolía.
Entre ellos, conchitas miles relucen brillo
Eternos, de antaño, de sutil destino.

Playa de ensueño y de recuerdos dulces.
Viento tiramisú, forjando diamantes.
Como cálida brisa de mar en calma.
Florecillas hermosas como tu alma.
Quédanse en la orilla de tu paraíso
Como queriendo fundir en hastío.

En esa playa apacible quieta de mar.
Como un inquieto arco iris, en tu mirar.
Te sueño y contemplo, tu figura de amor.
Entre tus manos la arena siente candor.
Llegan a ella cual beso y caricia, de rosa.
Nube de mar, bello cielo, tú… Malvarrosa.

PAULINA DE PORTO
MÉXICO

LOS PROBLEMAS DEL MAR,

YA NO SON PROBLEMAS SOLO

PARA LOS TIBURONES, LOS DELFINES, O LAS TORTUGAS MARINAS.

SINO, HOY LOS PROBLEMAS DEL MAR

SON PROBLEMAS

PARA LA

ESPECIE HUMANA.

RODRIGO DÍAZ DEL VILLAR

ENCANTO DEL MAR

En vuestro solaz y sobre vuestra faz quiero disfrutar y celebrar...!

Allí en todos vuestros océanos, con su historia infinita de años...! Mucho os disfruto en toda región y el mundo, me sumerjo e inundo!

Grandes mares en todos lugares, todos especiales para visitar.

Quiero mencionar el Golfo Pérsico, El Atlántico, bello e enigmático...!

Océano Pacifico, lugar magnifico, con sus delfines que danzan por sus confines.

Las ballenas que en sus temporadas llegan a nuestras playas. Oh, belleza de la naturaleza!

Tantas hermosuras que tenéis de criaturas me embelesan. Escuchar su rumor que con limpia agua, arena y sol provocan rubor.

Envuelta en el sonido encantador de una caracola que me ha traído del mar una ola!

A mí me trae pensamiento con nítido y claro sentimiento.

En mi piel estremecimiento...!

Me encanta sus secretos del sabio mar escuchar.

Extasiada estoy en su oleaje, que me arrastra en su carruaje, en la blancura de su espuma,

en esa majestad de su inmensidad, que me invita a la libertad...!

En sus alas volaré! Disfrutaré su sabor a sal, bruma y espuma.

Me empaparé y no preguntaré como aquí fue que llegué.

Me adentraré en su playa, en el verde azul y el reflejo del sol, quiero disfrutarle, sin mas hoy.

Quiero permitirme, rendirme ante este presentimiento de amor puro y fruto maduro...!

El mar me trae el buen amar sin nada reclamar, como a niño os voy a cuidar y atesorar, en mi corazón preservar.

Bravía belleza de su naturaleza.

Ante mí imponente y silente.

¡Mar! Deseo en verdad amar, en este presente no puedo ya ser indiferente.

SEUDÓNIMO: **MIRIAM DE AGUDO**
M. GUADALUPE TREJO
MÉXICO

OCÉANO...!

Allí están como guardianes
de nuestra propia existencia,
luchando por negligencias
de nuestra propia desidia!
Ésta raza que le envidia
y peligra con el mundo,
por no conocer de fondo
sus secretos más profundos!
Secretos atesorados
que son solamente vida,
profundo espejo del cielo;
magia sublime y sentida!
Desde la tibia caricia
que riega sobre la playa,
o la lluvia en que se muestra,
y su inmerso amor explaya!
Océanos de Ultramar,
agua salada de penas,

son el llanto acumulado
de delfines y sirenas!
Son la salvaguarda
que necesita mi tierra,
que desde la inmersa napa
acaricia y alimenta!
Son quizás
también bravíos,
y a veces con todo arrasan!
Pero fueron
los navíos,
los que sus bombas lanzaran
al medio del corazón
de este mundo marino
invadido en sus adentros
con barcos y submarinos!
Quizá se logre conciencia,
no creo todo perdido,

porque aún estamos vivos
y el Océano es de todos,
así que busquemos el modo
de demostrar nuestro amor
y alivianar el dolor
del Océano azul claro,
antes de pagar caro
por nuestra propia inconsciencia,
seguir probando allí bombas
y otro "Avance de la Ciencia"!
Hoy sos musa que da vida
a letras de azul sentir,
pues eres fuente de vida
y sin ti no ha de vivir
un solo gramo de mundo…
pues tú mismo lo hundirás
en su propio cruel orgullo,
mas tú Permanecerás!!

PABLO RAMÓN CABRERA ROA
PARAGUAY

AL VER LA PLAYA

Al ver la playa evoco tiempos gratos,
yo era un jovencito alejado de las poesías,
hasta que traté de cambiar un relato,
inocentemente el mejor camino hallaría.
Mi musa empezó a darle forma a mis expresiones,
la noche que sólo era noche, fue cautivante,
sentí recorrer más de mil sensaciones,
navegué en mis sueños con más tripulantes.
Eran tiempos de regodeo y momentos épicos,
aún recuerdo cuando veo el horizonte,
la playa entera es un escenario poético,
intrigante si alzara mi vista más allá de los montes.
Atrapo la armonía sin levantar sospecha,
me pierdo entre la nada de mis pensamientos,
no percibo el peligro si es que me asecha,
siento que me evaporo en pequeños fragmentos.
Me identifico con la playa, más aún si anochece,
está serena y apropiada para caminar en ella,
no cabe duda que un buen escenario aparece,
con las olas tranquilas y el brillo de las estrellas.
Dios permita que no se extinga con toxinas,
quisiera volver a ser juguete de las olas,
disfrutar en verano se me ha vuelto una rutina,
me acompaña mi familia y otras veces, a solas.

GEYLER ARANDA RAFAEL
PERÚ

EL MAR

Como el mar que sube y baja
Así mi amor se desborda como olas
Que provoca.
Como el inmenso mar así es mi amor
Tan intenso… sin final.
Quien comparta su mundo con el mío
Tendrá que ser muy profundo
Como el extenso mar.
El mar, trae la brisa que parece irse
De prisa en mi amanecer,
Tan suave se siente y se desliza
Que me acaricia.
El mar… Cuándo me traerá tu amar
Así podré naufragar en las
Caricias de tu alma sin cesar.

DAYANE CAMACHO
PERÚ

Todas las mañanas salgo a caminar,
a ver el cielo y recorrer el mar.
Veo el horizonte y me pongo a pensar,
e inevitablemente comienzo a recordar
cuando corríamos tomados de la mano
en dirección a la orilla a refugiarnos.
Las olas nos avisaban, el ruido no era en vano,
y cuando llegaban, reíamos hasta cansarnos.
Nos quedamos todo el día, cada momento inolvidable,
el sol se escondía y era un bello atardecer.
Nos miramos fijamente, un beso imborrable,
fue el primero y el último, no te volví a ver.
Ya me es una costumbre ir a la playa día a día,
desde el amanecer hasta el atardecer,
estar en compañía del mar es como tener tu compañía;
como las olas llegaste y te fuiste… no sé si vas a volver.
Mientras espero tu regreso, visitaré el mar,
dejaré parte de mí para cuando regreses no te vayas jamás.

Si está húmeda la arena es que dejé lágrimas derramar.
Si está cálido el sol, es porque dejé mis abrazos por demás.
Aún te espero y esperaré… así pasen años.
Fuiste mi primer amor y lo seguirás siendo,
así nos encontremos en ésta u otra vida, no seremos extraños,
porque el mar nos unió y te seguiré queriendo.

MARIANA CHINCHAYAN RUIZ
PERÚ

MAR, AGUA, VIDA...

El susurrante canto de tus olas
Envuelven el mágico crepúsculo.
En el horizonte contemplo
Sus aguas cristalinas,
Sumergida en mis sueños
Percibo el suave aleteo
De gaviotas cubriendo
El infinito y azulado cielo.
Atisbando el inquietante mar,
Descubro el Ocaso incomparable
De un atardecer exánime.
Acariciado por el sol desfalleciente
Arrulla su apacible sueño
Dando paso a la noche
Con un séquito de fulgurantes estrellas
Que en coloquiales danzas
Entrelazadas juguetean
Expectantes quizás, al ósculo pernicioso
Entre el mar y la noche.
Su suave brisa acaricia

Mi desnudo cuerpo
Inmersa en sus aguas. Oh! Qué delicia!
Cual resplandeciente Pegaso
Transporto ilusiones y sueños
Concebidos en lo más recóndito
De mi dadivoso ser.
Mar, agua, vida, Milagro de divina
Y abstracta creación.
Armisticio entre cielo y tierra,
Envuelve su vetusta orilla
El dulce y armonioso canto
De sus argentadas olas
Cautivando miradas.
La intensidad de sus aguas
Cual carrusel de colores
Plasma el tiempo su pincel
Siguiendo al viento
En el incesante vaivén
De sus olas viniendo,
Convertida en dorada sirena.

Navego entre ondulante espuma,
Guiada por mi Madre Luna
Escudriño tus entrañas,
Descubriendo maravillada
Un mundo irreal,
Peces, plantas y otras especies
Danzan al compás de notas y arias
Aún no conocidas por ningún mortal;
No hay lucha más sublime,
Que el de conservar
Este regalo, fuente de vida
Que Dios nos ha concedido
Para beneplácito y algarabía
De esta EGREGIA HUMANIDAD.

AURY YOVERA SOBRINO
PERÚ

122

TE AMO OCÉANO ATLÁNTICO

Vengo de una hermosa Isla,
nací cobijada por el Océano Atlántico y el Mar Caribe
me baño entre sus cuerpos de agua
y embriago con el más rico y burbujeante champagne.

El sol y su calor tienta a nadar como una sirena
refrescando los sentidos en toda su piel.
Sus palmeras protegen del sol
y la brisa me acompaña en el atardecer.

Descanso en una hamaca observando el horizonte
donde me transporto en olas del recuerdo
y te visualizo nuevamente mi dulce capitán
y surge nuevamente el amor.

Te amo Océano Atlántico y le agradezco a Dios
por tan hermoso recurso natural
y de haber nacido en la Isla del Encanto
donde se encuentra el amor con vibrante fulgor.

CARMEN MARISOL SOTOMAYOR RAMÍREZ
PUERTO RICO

124

NATURALEZA

Tengo un corazón que late en tu brisa,
Tengo el universo antífono en ti,
Una dimensión de magia por ti;
Todo mi torrente asido a tu risa.

Eres ostentoso génesis de vida,
Órgano suntuoso, fruto de amor,
Basto patrimonio... eres mi flor;
Eres mi canción mejor producida.

Como tu alimento en cause sagrado,
Bebo de tu vientre el agua bendita,
Puedo hasta morir si atrofian tu clima.

Soy incondicional soneto entregado,
Soy la melodía mística escrita,
Soy la poesía inmersa en tu cima.

DANIEL CORNELIO
REPÚBLICA DOMINICANA

AUTODESTRUCCIÓN

Vamos a saquear
la memoria de las aguas,
borremos sus palabras de algas,
sus verbos de limo; las propiedades de su voz.

Vamos a borrar
sus letras de lluvia fina,
sus huellas de mujer fértil,
sus gestos de gorriones nuevos.

Vamos a saquear
la memoria de las aguas depredadoras.
A fin de cuentas, quedémonos
mudos para siempre…

Acabamos de asistir al ritual de
nuestra destrucción…

JUSTINIANO ESTÉVEZ ARISTY
REPÚBLICA DOMINICANA

CONSECUENCIAS DE LA ACTIVIDAD HUMANA

ACIDIFICACIÓN

AUMENTO DE LA **TEMPERATURA** DEL AGUA

FALTA DE OXIGENO

EL OCÉANO ES ESENCIAL PARA LA VIDA HUMANA

EL OCÉANO PRODUCE CASI EL 50% DEL OXÍGENO QUE RESPIRAMOS

131

Belleza en esplendor
vida que germina
en el espacio eterno
de todos los sueños.
Aguas mansas que llevan la vida
en múltiples colores
corales que en sus matices
las esperanzas perduran.
Pero la avaricia
que tiñe tus aguas
de negro aceite
tirando desperdicios
trayendo la muerte.
Siendo el grito terrorífico
al encontrar miles de peces

flotando entre tus aguas
pidiendo tu ser
el socorro inminente.
Esperando que las plegarias
sean escuchadas
antes que no quede nada.

GUSTAVO DANIEL PIERRI BALTALMIO
URUGUAY

Hoy después de tanto tiempo, nos volvemos a juntar
Siendo testigo la luna, en aquel mismo lugar
Es necesario que hablemos, como solíamos hablar
Y si hay que llorar Lloremos, ¡Lloremos de Nuevo… Mar!

Tú fuiste mi confidente, en mis noches de ansiedad
Cuando buscaba respuestas, sin poderlas encontrar
A tantas bajas pasiones, que nos quieren sepultar
Al engaño, la desidia, la injusticia y la maldad

Tú me pediste paciencia, como lo voy a olvidar
Pero ya se me agotó, porque todo sigue igual
O mejor dicho peor, como poderlo ocultar
Es por eso que esta noche, yo me atrevo a preguntar

¿Cómo esconder la impotencia?, ¿Cómo esconder los enojos?
¿Cómo esconder las tristezas, y los sentimientos rotos?
Contéstame por favor, de rodillas te lo imploro
¡Tu hiciste me acostumbrara! ¿O me acostumbré yo solo?

Perdóname te lo ruego, es tiempo de protestar
Y ajustarse los calzones, ¡Nos tienen que respetar!
¿Qué como tú vas a hacer?, ya te lo voy a explicar
Sin decir una palabra, hay mil maneras de hablar

Muérete por unas horas, unas horas bastarán
Dándole orden a las olas, que tienen que descansar
Y cuando todo esté en calma, es el momento de actuar
Desata toda tu fuerza, con furia de tempestad

Que tu reclamo y el viento, los hostiguen sin cesar
Por invadir tus entrañas, con total impunidad
Que además las convirtieron, en un inmenso bazar
De diferentes despojos, que allá fueron a parar

Es un basurero inmenso, difícil de ponderar
Donde todo se consigue, con mucha facilidad
Y cuando digo de todo, ¡De todo conseguirás!
Si dudas de mis palabras, es fácil averiguar

Después vienen los lamentos con lágrimas por demás
Al verse una enorme mancha, de peces ¡La Mortandad!
Donde sobran argumentos, y excusas en cantidad
Que si la marea roja, o el paso del huracán

La baja temperatura, o la fuerte luz solar
Poniéndole un negro velo, a la triste realidad
Contaminación del Mundo, en el aspecto Ambiental
Que tiene una sola causa, Contaminación Moral

Yo en mi caso decidí, no lo pienso soportar
Por meterse con mis Sueños, coartando mí libertad
Usurpando mi alegría, y derecho a trabajar
Por eso con gallardía, mi afrenta voy a limpiar

Con un papel como escudo, y un lápiz como puñal
Y por si acaso la zurda, si me quieren vapulear
¡Perdonen por este verso!, es un chiste nada más
Para romper la tristeza, que me quiere avasallar

Que Gracias a Jesucristo, y al amor de mi Mamá
Convertiré en poesía, con la mayor humildad
Todos los hombres debemos, Luchar "Pero por la Paz"
Donde el amor y el respeto, ocupen primer lugar

Quise seguir el ejemplo, de mi Padre Celestial
Que decía ante los abusos, calla y déjalos pasar
Pero invadieron mis sueños y no lo voy a aceptar
Ya que hasta sueños de locos, Se tienen que respetar.

VENANCIO CASTILLO GONZÁLEZ
VENEZUELA

MAR QUE NUNCA ME ABANDONAS

Tu vastedad azulada hoy me inspira en la playa sin principio ni fin.
Punto de encuentros y partidas, donde existe la sirena y el delfín.
Un cuerpo en eterno movimiento, el color y el aroma del tiempo.

Todo lo que tienes dentro, es mi Dios el que lo puso en ti,
tú que con mucha paz me dices, tócame y te haré feliz
y te encañaré todo lo hermoso que Dios dejo en ti, para mí.

Respiro tu sal y me invade el recuerdo, me dejo arrastrar lejos
a la deriva siguiendo tus curvas con la mirada expectante
incorporando tus olas, tu vida, tu sonido y bamboleo elegante.
Ando en la rompiente, pareces venir y retroceder con inquietud.

Mar, hermosa Mar!! Te miro y se van mis penas
al son de tus olas y me siento la mujer más dichosa,
porque me inspiras a los más hermosos poemas.
Mientras aquí una humilde mortal te admira en quieta plenitud,
cuéntame tus historias hablarme en tu lenguaje, en secreto
y yo me sentaré aquí, observando las nubes danzar en tu reflejo…

Yo estoy orgullosa, porque con tus olas preciosas
juntas almas enamoradas que muchas de ellas
se han quedado en ti, se han hundido en tu profundo
mundo para dos, llevándose su gran amor.

Siempre lo mismo, yo me aproximo y te toco.
Te escurres entre los dedos de mi mano abierta.
Tu brisa se funde en mi cuerpo ávido de azul.

Anegas mis entrañas y desbordas mis esperanzas.
Acaricias mis cabellos y me impregnas de alegría.
Alimentas mi alma anhelante de cariño temporal.

Espuma, tan solo espuma suave y fresca que
me roza, me humedece, y luego te vas.

MARÍA CORAZÓN DE JESÚS
VENEZUELA

He visto al mar diferente
con oleajes agresivos,
con una furia demente
sin tener ningún motivo.
¿Será que el mar negligente
en vez de albergar la vida
destruye impunemente
nuestra tierra bendecida?
Qué injusto es el mar,
ha perdido su control,
su incesante rabiar,
es un monstruo destructor.
Sus aguas son enfermizas,
su aire pierde pureza

como una bestia agoniza
dejando muerte y tristezas.
Y el mar en silencio escuchaba;
ignorante, inconsciente,
decía con su voz de agua
a aquel que le reclamaba.
Tú y tu generación completa
me han descontrolado
y ahora por todo el planeta
se muestran acobardados.
Han atacado el equilibrio natural,
ese que Dios les ha dado,
y peor que cualquier animal
al propio Dios han defraudado.

Él con su mágica creación
me hizo infinito y profundo
y ahora por la contaminación
estoy casi moribundo.
Vete, ve y dile a tu gente
que aquí estoy, que no me iré,
que si me matan correrán igual suerte
pues de eso yo me encargaré.
Ve, buen hombre, lleva la noticia
quien quita y tomen conciencia,
y que ésta ocasión sea propicia
para que reine la vida y su esencia.

ALEJANDRO J. DÍAZ VALERO
VENEZUELA

OLAS DE ESPUMAS Y MAR BRAVÍO

Otra noche que sueño contigo
un sueño derramado en papel
un sueño de olas de espumas
y de mar bravío sobre tu piel:

Olas de espuma
son tus manos sobre mi cuerpo
Mar bravío
son mis labios sobre tu boca

Olas de espumas de fuego encendidas
Mar bravío de ferviente pasión
Olas de espuma y mar bravío
agitando las ganas de tanto amor

Olas de espumas buscando la orilla
indómitos besos recorriendo tu piel
tú te quedas serena observando mis ojos
tus caricias mi alma hacen vibrar
yo estremezco tu tiempo tu todo
mientras tú me haces soñar.

PABLO MAUREIRA
VENEZUELA

PLAYA ILUSIÓN

Instante breve lo vivido
en dimensión mistificada,
y eso que llaman amor
fue vendaval intenso
que azotó
mi rostro
con suaves besos...

Playa de ilusión
con su blanca arena,
frágil castillo levantado
con lenta tristeza derruido
al llegar imprevista
aquella alta marea
desde aquel mar
de sereno desengaño...

Y alocadas espumas
se llevaron las cuadraturas
del tiempo de ser feliz.
Allá van los sueños,
las lerdas esperanzas;

la fe en el amor.
Allá van mezcladas
con inquietas aguas,
mientras el viento esparce
un riego de amarga desconfianza
y el engañó con lentitud besa
al franco amor
que en la nada se diluye.

Y el mar es más salado
cuando mis ojos lloraron
aquella rabia sorda
que en silencio ahogaba...

Playa de ilusión,
olas que van y vienen
entre crueles mentiras
y una inesperada realidad
toma el sol conmigo...

Artera actitud fue dura roca
donde se apagó la fogosa pasión,

la que con ternura quemaba,
y hoy, al romper enfurecidas olas
contra el arrecife de mi voluntad,
la resaca se va llevando
mis ingenuos sentimientos
hacia insondables abismos...

Sigue allá en tu mar de mentiras,
yo estaré aún en mi playa de ilusión;
solo que esta vez
la dureza de tu infamia
convirtió mi corazón
en el más alto escollo
donde se han de estrellar
tus pérfidas olas...

ARGENIS ROMÁN RAMÍREZ
VENEZUELA

144

Una vez soñé con ser el Mar
y otro día soñé que era Yo, un río
y que viajaba airosa con mi inmenso
caudal, besando el lecho del mar con
mis olas nacientes y la espuma que
resplandece sobre las aguas del río…

Siendo Ola, recorrí mil países hermanos
atravesé fronteras y conocí sus gentes
compartiendo el salubre de las aguas de
nuestro mar y con el Sol caliente en mi
lento y placido paseo, besé al amplio
Mundo marino con caricias latentes…

Como Río, quise conocer el trajinar diario
de las aguas por mi amplio y hermoso País
conociendo cada palmo de mis cauces, vi
pueblos, cascadas y praderas, ciudades con
sus montañas y amplios llanos enverdecidos
esperando mi agua virginal para besar sus
sembradíos y sus plantas…

Conocí el Orinoco, Albarregas, y el Chama y seguí
embelesada conociendo tantos ríos, quebradas
y cascadas, y en este largo peregrinar me sentí
orgullosa de saber que nuestra Patria hermosa
posee tanta belleza que al desembocar en sus
lagos y correr mil fronteras vertiendo el líquido
bendito que es el agua del Mar y el agua del río.

**EDICTA VALERO
VENEZUELA**

CON AGRADECIMIENTO POR SU COLABORACIÓN A:

CECILIA ESPARZA LEPE
FOTOGRAFO/PHOTOGRAPHER

Oriunda de la ciudad de Concepción, Chile. Su trabajo aborda temáticas relacionadas al rescate del patrimonio social y cultural de espacios urbanos y rurales, retratando de forma lúdica las costumbres, la rutina y vivencias de habitantes de localidades de Chile, esencialmente de las zonas costeras. Sus fotografías son signos concretos de la realidad, signos que nos invitan a la reflexión en torno al olvido o a la indiferencia de nuestro entorno cercano, evade la suntuosidad de una estética academicista, para presentar los espacios y las personas como un todo gestáltico y vivo.

ELÍAS ZORRILLA ROJAS
FOTOGRAFO/PHOTOGRAPHER

Al caminar por los distintos lugares de mi bello país, no puedo hacer mas que impresionarme, mi alma se llena de gratitud y mi mano se adueña de ellas, cual cazador las capturo tratando de perpetuar ese instante, la naturaleza y las personas son únicas, todas ellas aun en su imperfección tienen algo que decir, es en la soledad de mi interior que se transforman en versos e historias, que trato de plasmar ya sea en una fotografía en las estrofas de un simple poema.

MARTÍN NAVARRO A.
ARTISTA VISUAL - FOTOGRAFO / VISUAL ARTIST PHOTOGRAPHER

http://martinnavarro-art.wix.com/martin-navarro-art
www.facebook.com/Martin.Navarro.art

Artista Visual y Fotógrafo, inicia su actividad artística en el año 2003 al participar en diversos talleres de pintura y arte. Posteriormente y de manera autodidacta fue desarrollando un interés por el diseño, extendiendo su inquietud creativa hacia el diseño gráfico e intervención de diversos objetos. Desde la fecha participa activamente en el desarrollo de múltiples proyectos culturales en diversos Centros Culturales de su ciudad, así como también en exposiciones y concursos de arte.

Desde el año 2008 realiza trabajos comerciales freelancer (fotografía- Diseño) para diversas empresas y particulares en Chile y el extranjero, además imparte workshop de fotografía, dibujo y pintura al Óleo.

Actualmente se encuentra cursando Maestría en artes con especialidad en Pintura, en la Escuela de Bellas Arte de Viña del mar.

Créditos de fotos

p 2	Martín Navarro A.	p 40	Cecilia Esparza Lepe
p 5	A'MAR, A Prayer for the Sea	p 42	Elías Zorrilla Rojas
p 7	A'MAR, A Prayer for the Sea	p 44	Elías Zorrilla Rojas
p 8	A'MAR, A Prayer for the Sea	p 46	Cecilia Esparza Lepe
p 11	Cecilia Esparza Lepe	p 49	Cecilia Esparza Lepe
p 12	Martín Navarro A.	p 51	Elías Zorrilla Rojas
p 15	Cecilia Esparza Lepe	p 52	Martín Navarro A.
p 17	Martín Navarro A.	p 54	A'MAR, A Prayer for the Sea
p 18	Elías Zorrilla Rojas	p 56	Elías Zorrilla Rojas
p 20	Martín Navarro A.	p 59	Cecilia Esparza Lepe
p 23	Elías Zorrilla Rojas	p 61	Elías Zorrilla Rojas
p 25	Cecilia Esparza Lepe	p 63	Martín Navarro A.
p 27	Elías Zorrilla Rojas	p 64	Elías Zorrilla Rojas
p 28	Martín Navarro A.	p 67	A'MAR, A Prayer for the Sea
p 31	Elías Zorrilla Rojas	p 69	Elías Zorrilla Rojas
p 33	Martín Navarro A.	p 71	Cecilia Esparza Lepe
p 35	Elías Zorrilla Rojas	p 72	Cecilia Esparza Lepe
p 37	Elina Torres Verdugo	p 75	Cecilia Esparza Lepe
P 39	Cecilia Esparza Lepe	p 76	Martín Navarro A.

MUESTRA TU AMOR POR EL MAR

HAZLO POR LAS PRÓXIMAS GENERACIONES